这就是化学 8 南极化学之旅

米莱童书 著 / 绘

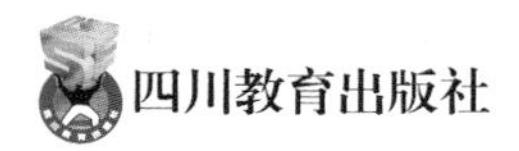

四川教育出版社

推荐序

非常高兴向各位家长和小朋友们推荐《这就是化学》科普丛书。这是一套有趣的化学漫画书，它不同于传统的化学教材，而是用孩子们乐于接受的漫画形式来普及化学知识。这套丛书通过生动的画面、有趣的故事，结合贴近日常生活的场景，深入浅出，寓教于乐，在轻松、愉悦的氛围中传授知识。这不仅能够帮助孩子初步认识化学，还能引导他们关注身边的化学现象，培养对化学的浓厚兴趣。

化学是一个美丽的学科。世界万物都是由化学元素组成的。化学有奇妙的反应，有惊人的力量，它看似平淡无奇，却在能源、材料、医药、信息、环境和生命科学等研究领域发挥着其他学科不可替代的作用。学习化学是一个神奇且充满乐趣的过程：你会发现这个世界每时每刻都在发生奇妙的化学变化，万事万物都离不开化学。世界上的各种变化不是杂乱无章的，而是有其内在的规律，都被各种化学反应式在背后“操控”。学习化学就像是“探案”，有实验室里见证奇迹的过程，也有对实验结果的演算分析。

化学所涉及的知识与我们的日常生活息息相关，化学变化和化学反应在我们的身边随处可见。在这套科普绘本里，作者用新颖的形式带领孩子探究隐藏在身边的“化学世界”：铁钉为什么会生锈？苹果是如何变成苹果醋的？蜡烛燃烧之后变成了什么？为什么洗洁精可以洗净油污？用什么东西可以除去水壶里的水垢？……这些探究真相的过程，可以培养孩子学习化学知识的兴趣，也是提高科学素养的过程。

愿孩子们能从这套书中收获化学知识，更能收获快乐！

中国科学院院士，高分子化学、物理化学专家 李永舫

目 录

乘船出发

这些老朋友都是我
们探险队的成员。

接下来几天我们会乘船前
往南极，参观**长城站**。先
去参观一下这条大船吧！
好！

Fe
漆层
金属不做任何保护的话，在海水中很容易生锈。轮船外面的油漆可以很好地保护船体，防止生锈。

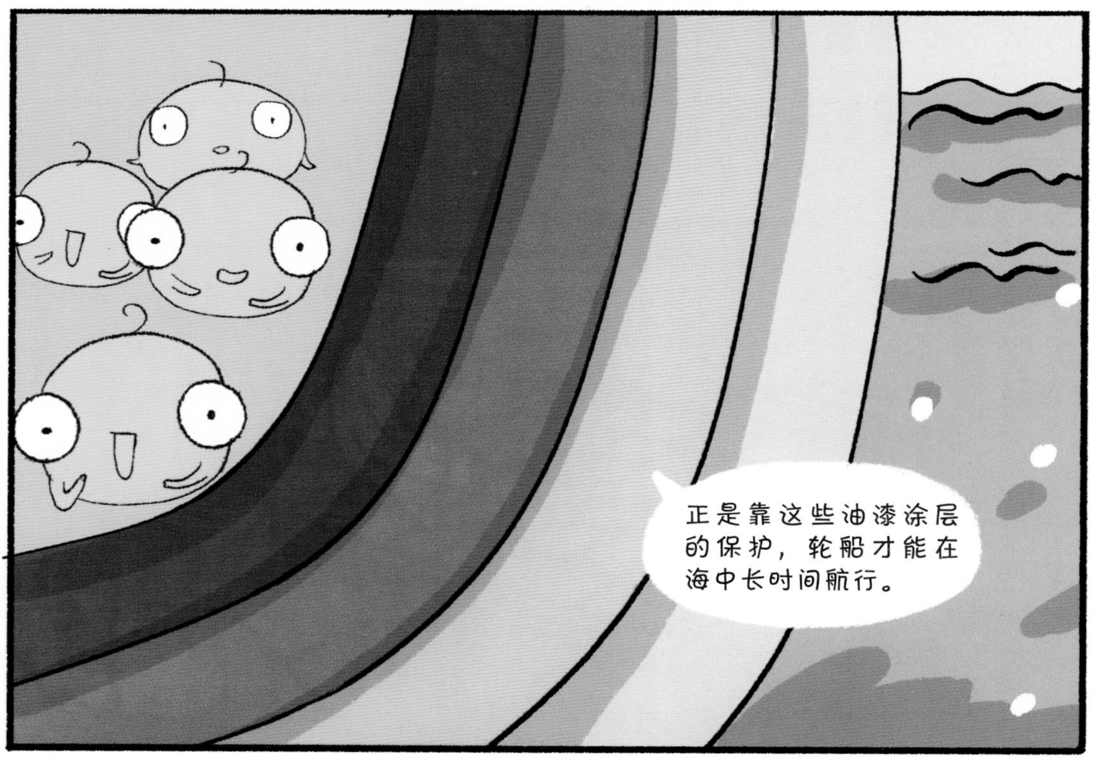
正是靠这些油漆涂层的保护，轮船才能在海中长时间航行。

轮船的动力来自**发动机**。通过燃烧燃料使发动机工作，这是将**化学能**转化为**机械能**的过程。

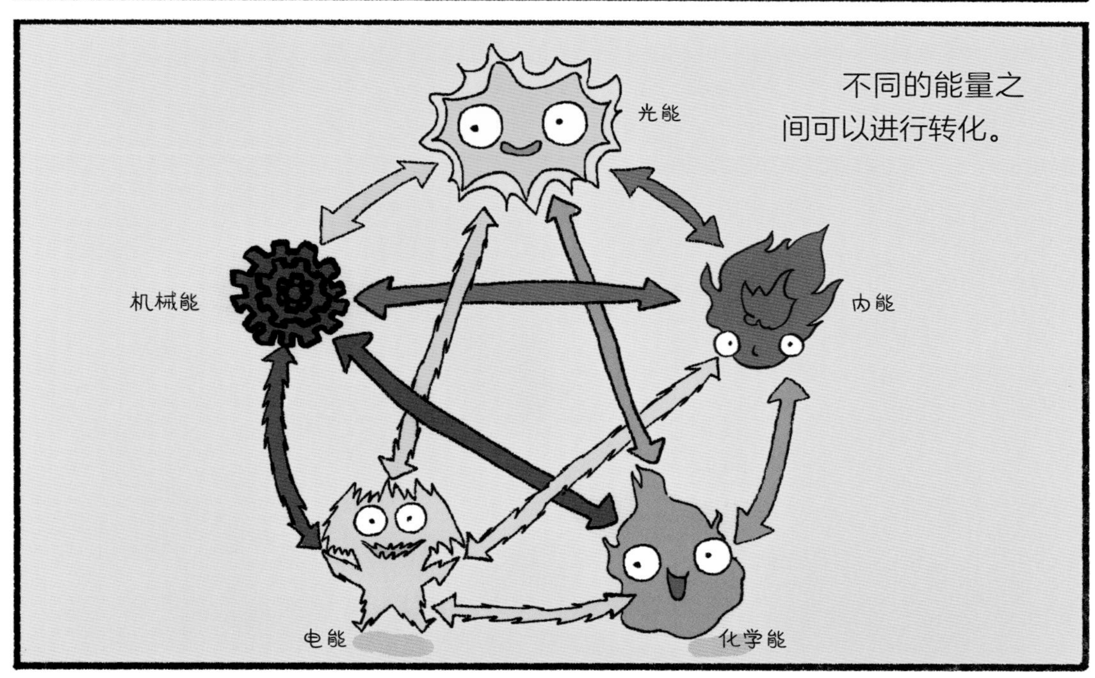
不同的能量之间可以进行转化。
光能
机械能
内能
电能
化学能

航海的发展和化学研究
的进步是密不可分的。

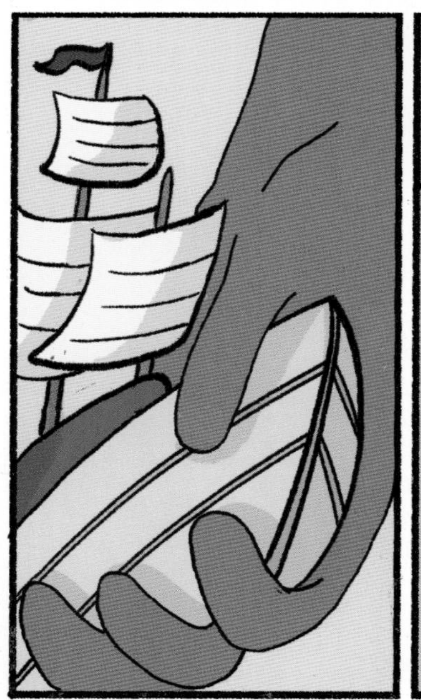

古人的很多探索和
发现都是在船舶的
帮助下完成的。

从最原始的小木筏到现代大型轮船，**化学材料**的发展和应用使航海迈上了新的台阶。

结实的鱼竿

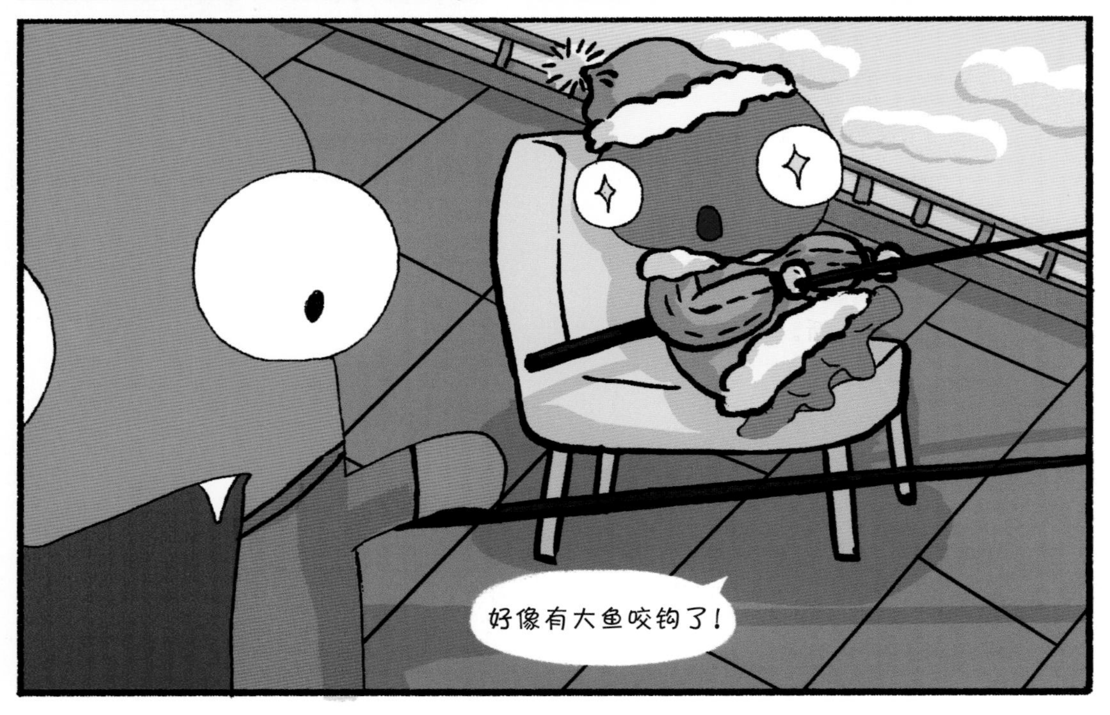

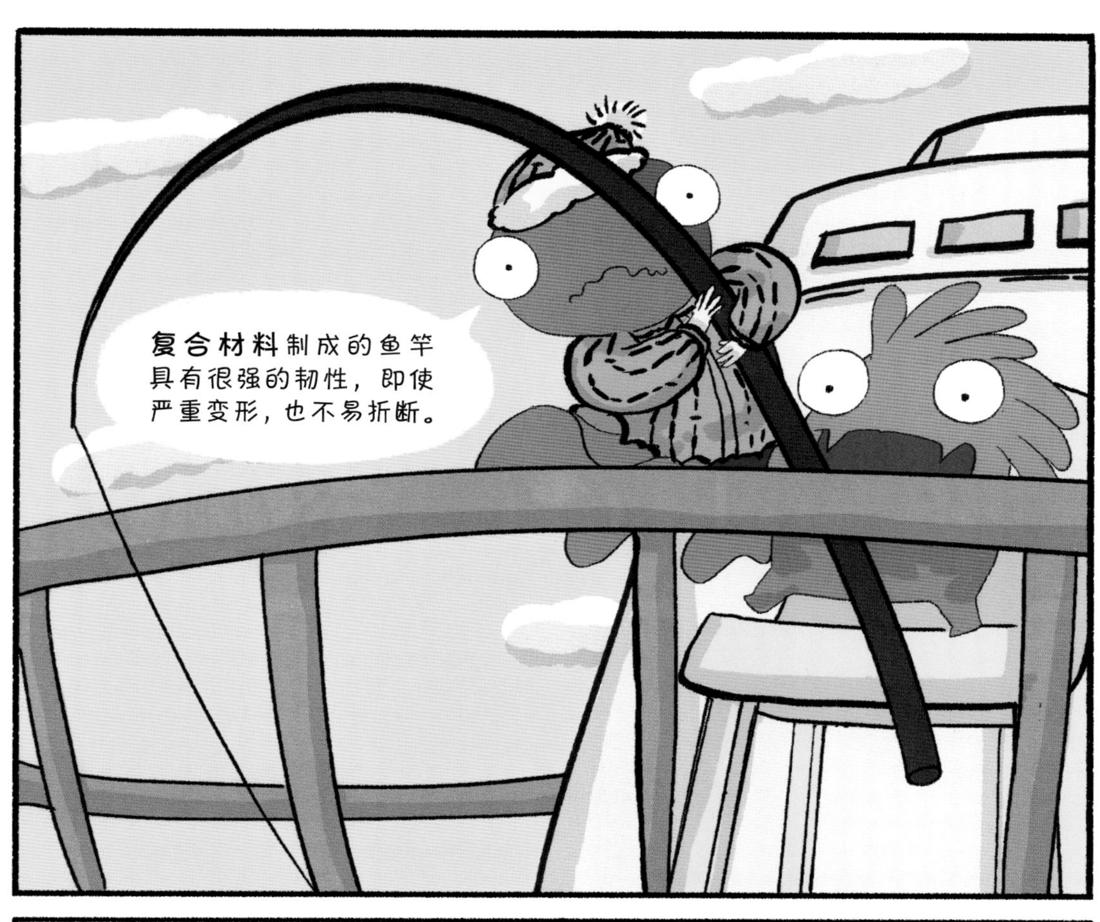
复合材料制成的鱼竿具有很强的韧性，即使严重变形，也不易折断。

相比而言，由竹竿这类传统材料制成的鱼竿更容易折断。

碳纤维材料不仅被用于制作鱼竿，还被运用到了各个领域，比如一些交通工具和体育用品就用到了它。

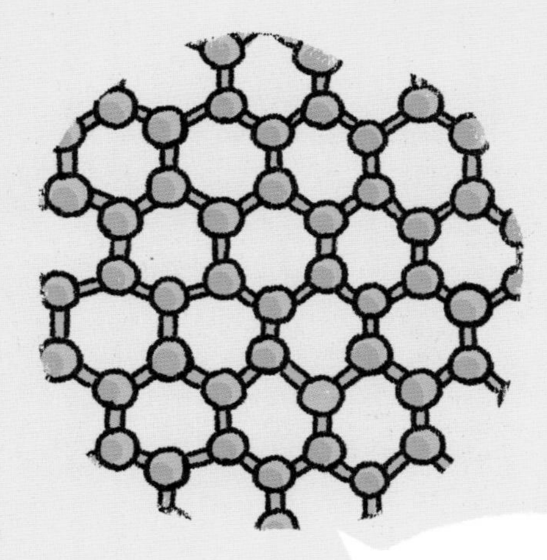

这是某种碳纤维材料的微观示意图，它具有蜂窝状的结构，质量很轻，却很结实。

到达长城站

这次探险的绝大部
分装备都是通过
化学工业制造的。

雪地摩托车的速度可比
过去的雪橇快多啦！

这么快就到
长城站了。

欢迎来到长城站！
您好，我们是来
参观长城站的。

长城站的生活与工作

长城站是中国在南极建立的第一个科学考察站。我来为你们介绍一下这里的工作与生活吧！

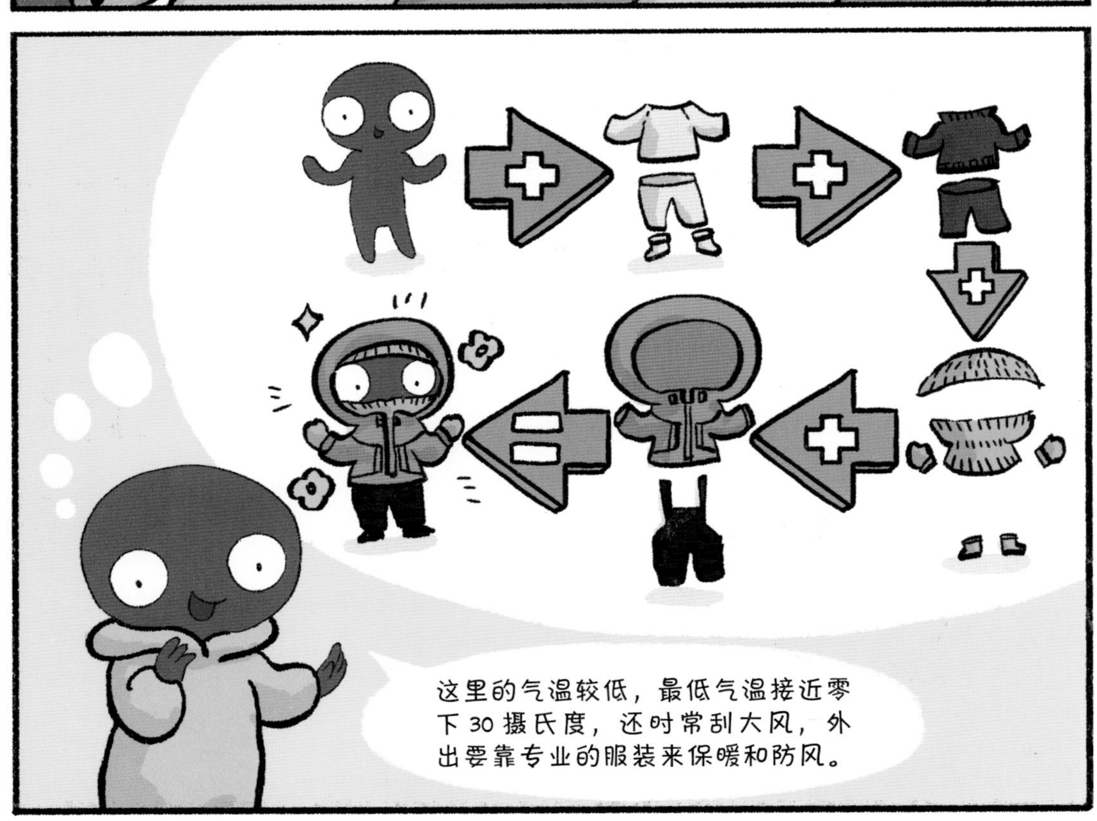
这里的气温较低，最低气温接近零下30摄氏度，还时常刮大风，外出要靠专业的服装来保暖和防风。

我们的衣服大多采用**高分子材料**制成，比传统的布料更加保暖、轻便。化学的发展对于我们的科考工作有很大帮助。

长城站的食材主要靠船只运送过来，早期以罐头为主，后来随着冷冻技术的提高，工作人员可以吃到很多速冻食品。近几年工作人员建造了小型温室种植蔬菜，食材更加丰富了。

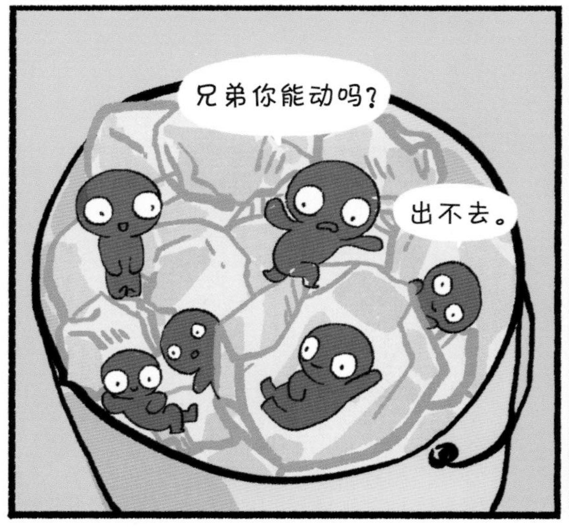

科考站内的空间不是很大，但每人都有自己的私人空间。
这里是大家平时的活动区域。

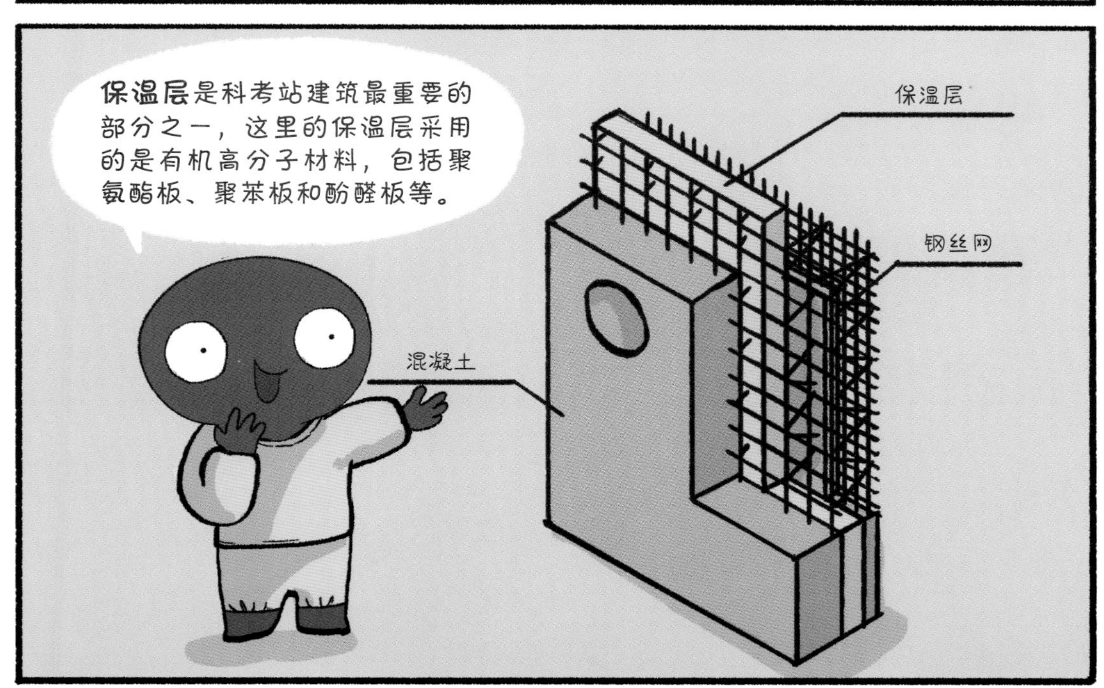
保温层是科考站建筑最重要的部分之一，这里的保温层采用的是有机高分子材料，包括聚氨酯板、聚苯板和酚醛板等。
保温层
钢丝网
混凝土

在闲暇时间，我们可以看书、看电影、打乒乓球和下棋。

我们的主要工作是完成大量的实验，收集数据。钻冰芯是我们最常做的工作之一，我们可以通过冰芯研究古代大气和环境的变化。

我们也想外出参
加科考活动！

工作之余，还可以和
可爱的小企鹅合影。

南极探险史

南极探险史
出发前，我来给大家讲一讲南极探险史。

1910 年，来自挪威的阿蒙森踏上了寻找南极点的艰苦征程。他带领着一支探险队，驾驶着被称为世界上最坚固的木质帆船——“前进号”，开始了他的征程。

这艘船是专门为了极地航行而设计的探险船。
它的船身采用坚实的橡木和绿心硬木，长 39 米，宽 11 米。
首尾对应的弧形设计让船身在海中受到浮冰的挤压时会滑向冰块上方，而不会被困在冰里。

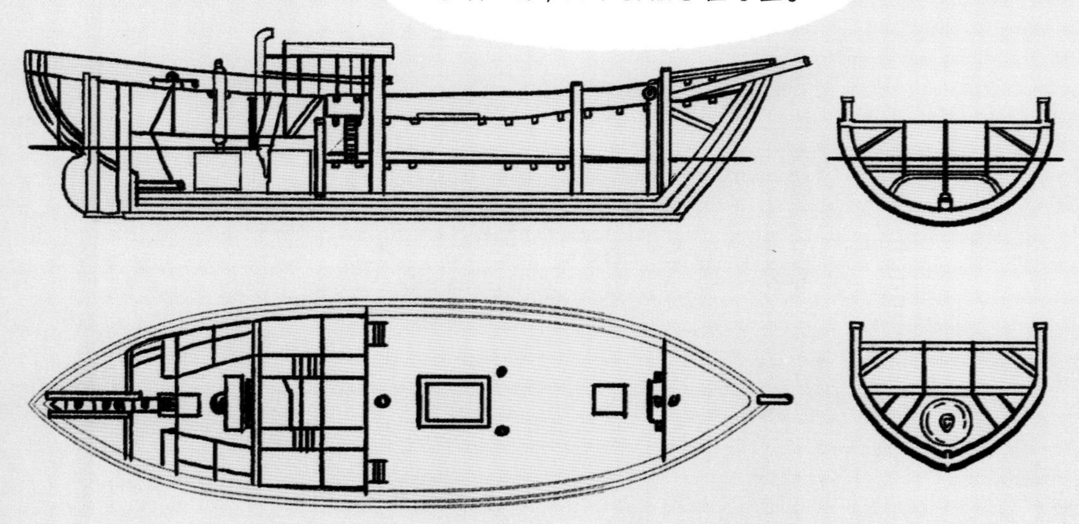

1911年10月19日，阿蒙森与4名伙伴带着4架雪橇和52只雪橇犬离开营地，向南极点进发。

从这里开始，他们只能用雪橇运输物资继续前行。
每前进一段距离，他们就会建立一个食品仓库，插上一面挪威国旗。
食品仓库成为他们探险过程中的保障。

南极地区的天气异常恶劣，为了尽快到达南极点，阿蒙森一行人顶着风雪，艰难前进。

终于，在1911年12月14日，阿蒙森探险队到达了地球的最南点——**南极点**！
经过测量与计算，他们确定了南极点的准确位置，并把挪威国旗插在了南极点。

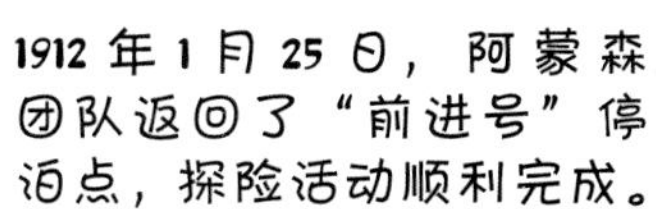

阿蒙森的探险队凭借充足的准备、完善的计划和丰富的经验，成为**第一批**到达南极点的人。

油脂的作用

那时人们常用的一种燃料是**鲸脂**，它取自鲸鱼。随着化学工业的发展，化学燃料逐渐代替了动物油脂，人们早已不再使用鲸脂作为燃料。

鲸脂不仅被用作燃料，还有很多其他用途。炼钢和制革会用到它，制造油画颜料也会用到它。除此之外，鲸脂还被用作精密仪器的润滑油。不过鲸已列入受保护的动物，鲸油也不再使用。

我们登上冰川啦！
终于可以和企鹅合影啦！
取冰芯时要很小心。
再见啦！

总结

有机高分子材料

防风衣
保温层
高分子材料的作用
雪地摩托车

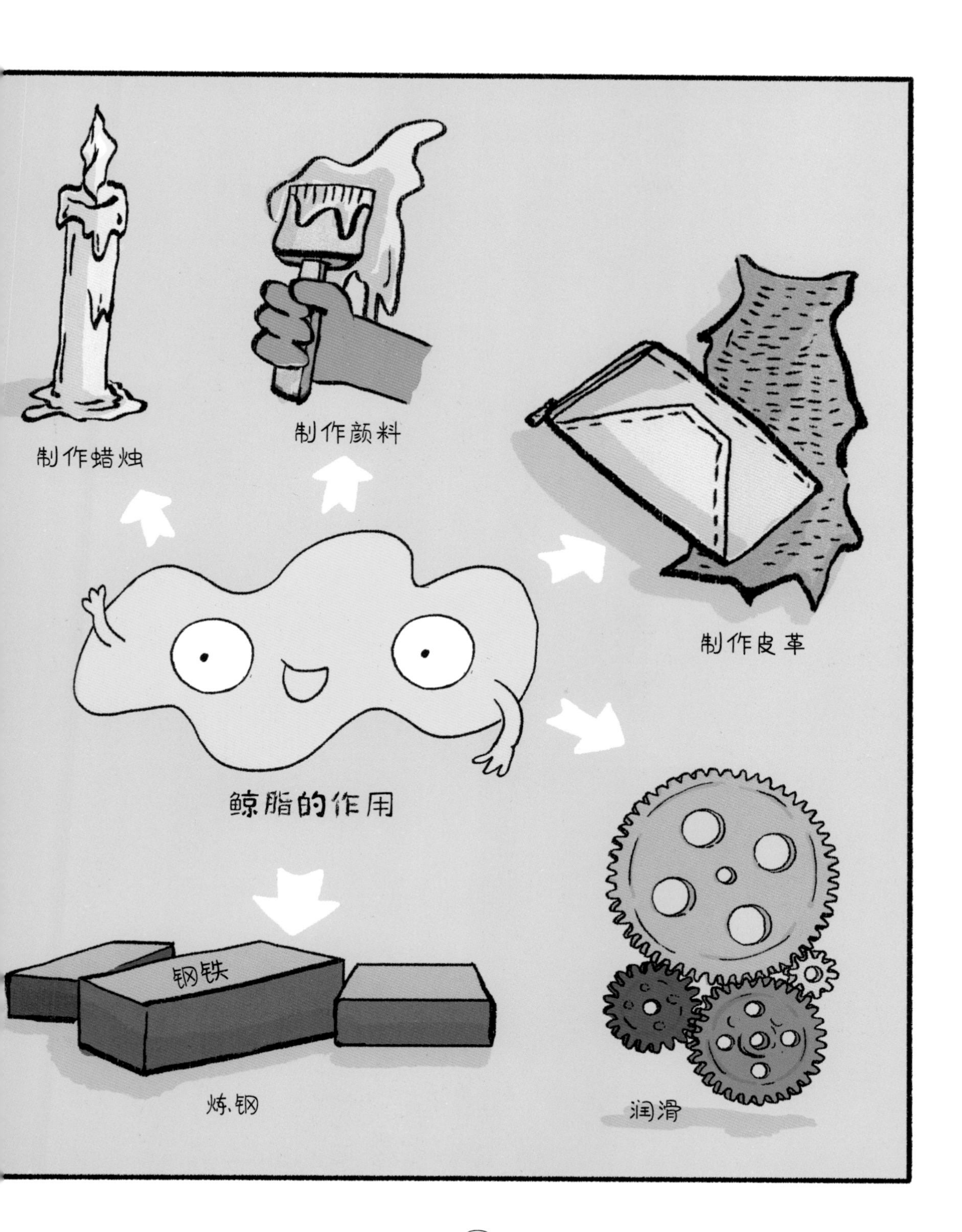
制作蜡烛
制作颜料
制作皮革
鲸脂的作用
钢铁
炼钢
润滑

思考

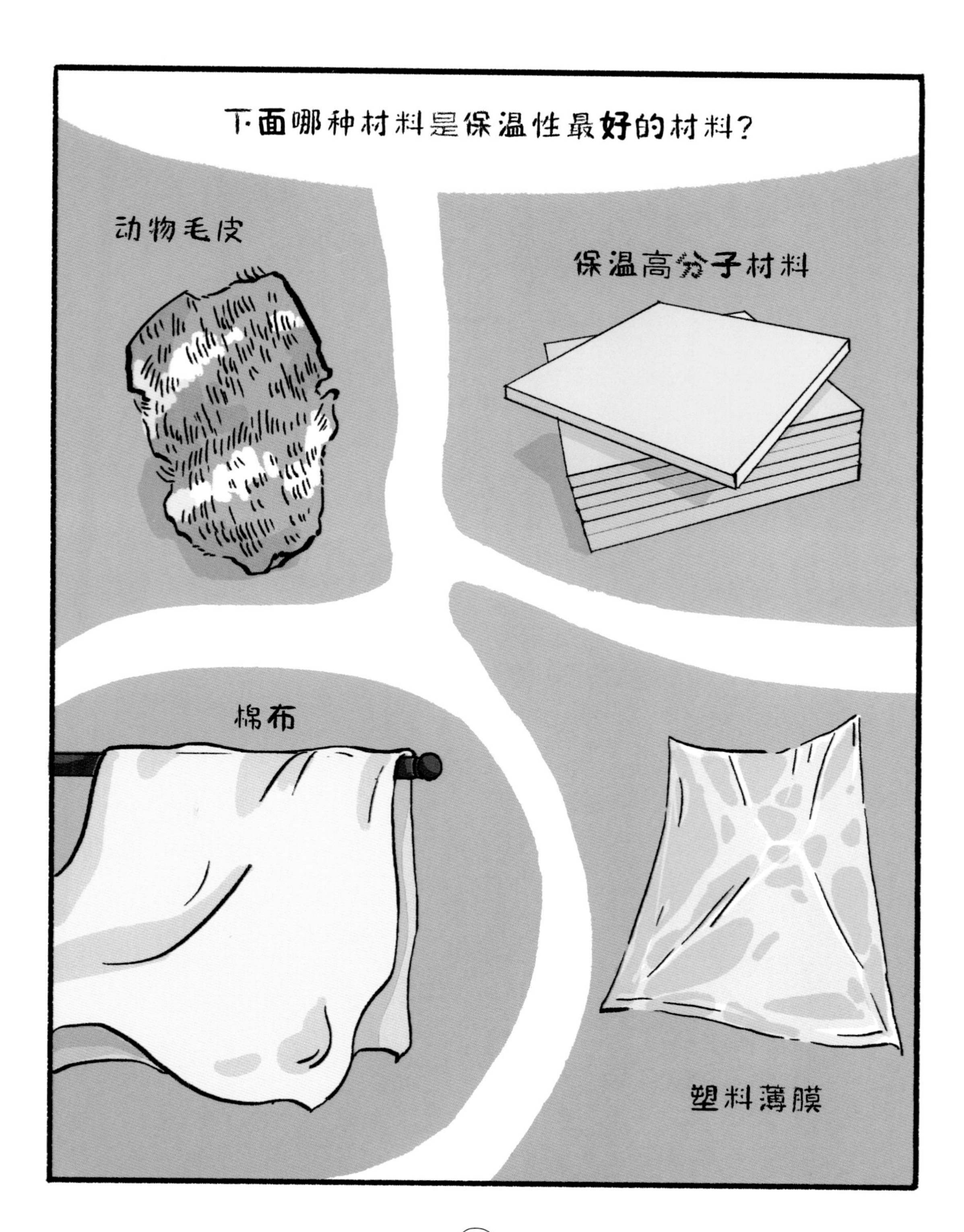
下面哪种材料是保温性最好的材料？
动物毛皮
保温高分子材料
棉布
塑料薄膜

问答收纳盒

发动机是如何工作的?	发动机通过燃烧燃料为机械提供动力。
南极在哪里?	南极指的是南极洲，它是位于地球最南端的一个大洲。南极点位于南极洲，它是地球最南端的一个点。
什么是复合材料?	为了综合不同材料的优点，人们将几种材料经特殊加工复合起来形成复合材料。
什么是碳纤维材料?	碳纤维材料是性能优异的复合材料，用它制作的鱼竿不易折断。
什么是化学工业?	化学工业指的是在生产过程中化学方法占主要地位的工业。
科考站是做什么的?	科考站是科学考察站点，是科学家进行科学研究和实验的基地。中国在南极建立的第一个科学考察站是长城站。
第一支到达南极点的探险队是哪支队伍?	阿蒙森带领的探险队在 1911 年首次到达了南极点，他们乘坐的轮船叫“前进号”。

思考题答案

36 页　汽油。

37 页　保温高分子材料。

作者团队

米莱童书

米莱童书是由国内多位资深童书编辑、插画家组成的原创童书研发平台，2019“中国好书”大奖得主、桂冠童书得主、中国出版“原动力”大奖得主。是中国新闻出版业科技与标准重点实验室（跨领域综合方向）授牌中国青少年科普内容研发与推广基地，曾多次获得省部级嘉奖和国家级动漫产品大奖荣誉。团队致力于对传统童书阅读进行内容与形式的升级迭代，开发一流原创童书作品，使其更加适应当代中国家庭的阅读需求与学习需求。

专家团队

李永舫　中国科学院院士，高分子化学、物理化学专家　作序推荐

张　维　中科院理化技术研究所研究员，抗菌材料检测中心主任　审读推荐

亓玉田　北京市化学高级教师、省级优秀教师、北京市青少年科技创新学院核心教师　知识脚本创作

创作组成员

特约策划：刘润东

统筹编辑：于雅致 陈一丁

绘画组：辛颖 孙振刚 鲁倩纯 徐烨 杨琪 霍霜霞

美术设计：刘雅宁 董倩倩

图书在版编目（CIP）数据

这就是化学. 8, 南极化学之旅 / 米莱童书著绘. --
成都 : 四川教育出版社, 2020.9（2021.12重印）
ISBN 978-7-5408-7397-4

Ⅰ. ①这… Ⅱ. ①米… Ⅲ. ①化学－儿童读物 Ⅳ.
①06-49

中国版本图书馆CIP数据核字（2020）第141707号

这就是化学　南极化学之旅

ZHE JIUSHI HUAXUE NANJI HUAXUE ZHI LÜ

米莱童书 著 / 绘

出 品 人　雷　华
策 划 人　何　杨
责任编辑　吴贵启　林蓓蓓
封面设计　刘　鹏
版式设计　米莱童书
责任校对　王　丹
责任印制　高　怡
出版发行　四川教育出版社
地　　址　四川省成都市黄荆路 13 号
邮政编码　610225
网　　址　www.chuanjiaoshe.com
制　　作　易书科技（北京）有限公司
印　　刷　河北环京美印刷有限公司
版　　次　2020 年 9 月第 1 版
印　　次　2021 年12月第11次印刷
成品规格　170mm×235mm
印　　张　2.5
书　　号　ISBN 978-7-5408-7397-4
定　　价　200.00 元（全 8 册）

如发现质量问题，请与本社联系。总编室电话：（028）86259381
北京分社营销电话：（010）67692165　北京分社编辑中心电话：（010）67692156